PLANETA ANIMAL
LOS PUERCOESPINES

POR CHRISTOPHER BAHN

CREATIVE EDUCATION • CREATIVE PAPERBACKS

Publicado por Creative Education y Creative Paperbacks
P.O. Box 227, Mankato, Minnesota 56002
Creative Education y Creative Paperbacks
son marcas editoriales de The Creative Company
www.thecreativecompany.us

Diseño de The Design Lab
Dirección de arte de Graham Morgan
Editado de Jill Kalz

Fotografías de flickr/Biodiversity Heritage Library, 16, 22-23; Getty Images/bucky_za, 6, GlobalP, portada, 1, Kathleen Reeder Wildlife Photography, 17, miroslav_1, 14, Paul Souders, 21; Pexels/Petr Ganaj, 5, Yiğit KARAALİOĞLU, 2; Shutterstock/Anna Kucherova, 13; Unsplash/Dušan veverkolog, 8; Wikimedia Commons/Alan D. Wilson, 18, Colin Canterbury/USFWS, 20, Courtney Celley/USFWS, 9, Potawatomi Zoo, 10

Copyright © 2025 Creative Education, Creative Paperbacks
Todos los derechos internacionales reservados en todos los países. Prohibida la reproducción total o parcial de este libro por cualquier método sin el permiso por escrito de la editorial.

Library of Congress Cataloging-in-Publication Data
Names: Bahn, Christopher (Children's story writer), author.
Title: Los puercoespines / by Christopher Bahn.
Other titles: Porcupines. Spanish
Description: Mankato, Minnesota : Creative Education and Creative Paperbacks, [2025] | Series: Planeta animal | Includes bibliographical references and index. | Audience: Ages 6–9 | Audience: Grades 2–3 | Summary: "Discover the quill-coated porcupine in this North American Spanish translation! Explore the rodent's anatomy, diet, habitat, and life cycle. Captions, on-page definitions, an Ojibwe animal folktale, and an index support elementary-aged kids"—Provided by publisher.
Identifiers: LCCN 2024018543 (print) | LCCN 2024018544 (ebook) | ISBN 9798889895596 (library binding) | ISBN 9781682777442 (paperback) | ISBN 9798889895695 (ebook)
Subjects: LCSH: Porcupines—Juvenile literature. | Porcupines—Behavior—Juvenile literature. | Porcupines—Life cycles—Juvenile literature.
Classification: LCC QL737.R652 B3418 2025 (print) | LCC QL737.R652 (ebook) | DDC 599.35/97—dc23/eng/20240523

Impreso en China

Índice

Protección afilada	4
Trepadores de árboles	10
Comiendo el almuerzo	12
Un puercoespín bebé	14
Criaturas nocturnas	18
Un cuento de puercoespines	22
Índice	24

Los puercoespines del zoológico bien alimentados pueden vivir más de 20 años; los salvajes, unos 15.

Puercoespines

son roedores con pelos largos y afilados. Viven en todo el mundo. Sólo una especie vive en Norteamérica. El puercoespín norteamericano es el segundo roedor más grande del continente. Sólo el castor es más grande.

continente una gran masa de tierra; la Tierra tiene siete continentes

roedores animales que tienen pelo o pelaje, dientes delanteros afilados y alimentan a sus crías con leche

Las púas son pelos largos y rígidos con extremos afilados y ganchudos. Los puercoespines tienen unas 30.000. Las púas se rompen fácilmente si se tocan. Un animal que se acerque demasiado puede llevarse una sorpresa dolorosa. El extremo ganchudo de una púa hace que sea muy difícil de arrancar.

Los puercoespines no pueden disparar sus púas como flechas.

Puercoespines

miden entre 2 y 3 pies (0,6–0,9 metros) de largo y tienen una cola de 8 pulgadas (20 centímetros). La mayoría pesa entre 12 y 30 libras (5–14 kilogramos). Su pelaje puede ser gris, negro o amarillo-marrón. Las púas son de color blanco plateado.

La coloración del puercoespín le ayuda a mimetizarse con las zonas boscosas.

Los puercoespines viven en los bosques. Las largas garras de sus patas les ayudan a trepar a los árboles. Los puercoespines pueden ser torpes en el suelo, pero son buenos trepadores. También duermen en los árboles. En invierno, los puercoespines se refugian en troncos huecos, cuevas, o debajo de edificios.

El norteamericano es el único puercoespín que vive en los fríos bosques del norte.

Los puercoespines son rápidos para comer fruta que cae de los árboles.

Los puercoespines son **herbívoros**. Comen flores, frutos y nueces. A menudo se alimentan de la parte inferior blanda de la corteza de los árboles. Como todos los roedores, los puercoespines tienen dientes delanteros que nunca dejan de crecer. Deben seguir royendo para desgastarlos.

herbívoros animales que comen plantas

13

LOS PUERCOESPINES

En primavera, las hembras de puercoespín dan a luz. Cada madre tiene una cría. Pesa alrededor de 1 libra (454 gramos). Al cabo de dos semanas, un puercoespín bebé aprende a trepar a los árboles y a comer plantas.

Los puercoespines nacen con púas suaves y cortas que se endurecen y crecen con el tiempo.

En primavera, las hembras de puercoespín dan a luz. Cada madre tiene una cría. Pesa alrededor de 1 libra (454 gramos). Al cabo de dos semanas, un puercoespín bebé aprende a trepar a los árboles y a comer plantas.

Los puercoespines nacen con púas suaves y cortas que se endurecen y crecen con el tiempo.

Los puercoespines suelen vivir solos, excepto las madres y sus crías. Los puercoespines hablan entre sí con graznidos agudos. También gritan con fuerza. Las crías y las madres emiten entre sí sonidos silenciosos y cantarines *mmm*.

Un puercoespín permanece con su madre unos cuatro meses.

17

LOS PUERCOESPINES

Los puercoespines pasan la mayor parte de su vida comiendo y descansando en los árboles.

Los puercoespines permanecen activos todo el año. Son principalmente **nocturnos**. Buscan comida cuando se pone el sol. Los puercoespines no ven bien. Utilizan el oído, el tacto y el olfato para moverse en la oscuridad.

nocturna más activa durante las horas nocturnas

Gracias a sus púas, los puercoespines parecen peligrosos. Pero no atacan ni buscan problemas. Son criaturas tímidas y amables. Aun así, ¡es mejor observar a estos increíbles animales desde lejos!

Los leones aprenden rápido a dejar en paz a los puercoespines.

Un cuento de puercoespines

El pueblo ojibwe de Wisconsin cuenta una vieja historia sobre el puercoespín. Hace mucho tiempo, dicen, el puercoespín no tenía púas. Para protegerse, se clavó espinas del espino en la espalda. El oso y el lobo no pudieron comérsela. Los dioses se alegraron de la astucia de Puercoespín y le cambiaron la piel por arte de magia. Por eso el puercoespín tiene púas.

Índice

alimentación, 12, 15, 19
bebés, 15, 16
bosques, 11
dientes, 12
escalada, 11, 15
norteamericanos, 4, 11
pelaje, 8
púas, 4, 7, 8, 15, 20, 22
roedores, 4, 12
sentidos, 19
sonidos, 16
tamaños, 4, 8, 15